BEI GRIN MACHT SICH IHR WISSEN BEZAHLT

- Wir veröffentlichen Ihre Hausarbeit,
  Bachelor- und Masterarbeit

- Ihr eigenes eBook und Buch -
  weltweit in allen wichtigen Shops

- Verdienen Sie an jedem Verkauf

Jetzt bei www.GRIN.com hochladen
und kostenlos publizieren

Bibliografische Information der Deutschen Nationalbibliothek:

Die Deutsche Bibliothek verzeichnet diese Publikation in der Deutschen National-
bibliografie; detaillierte bibliografische Daten sind im Internet über http://dnb.d-
nb.de/ abrufbar.

Impressum:

Copyright © 2017 GRIN Verlag
Druck und Bindung: Books on Demand GmbH, Norderstedt Germany
ISBN: 9783668809048

Dieses Buch bei GRIN:

https://www.grin.com/document/438279

Ricardo Escoda

3D-Druck in der Lebensmittelindustrie

Erarbeitung von 3D-Druckverfahren mit anschließender Anwendung auf die Lebensmittelindustrie

GRIN Verlag

3D-Druck in der Lebensmittelindustrie

Bachelorarbeit

Eingereicht am Lehrstuhl für Betriebswirtschaftslehre,

Innovation und internationales Management,

Universität Augsburg

von

Ricardo Escoda

Abgabedatum:

01. August 2017

Inhaltsverzeichnis

ABBILDUNGS- UND TABELLENVERZEICHNIS

ABKÜRZUNGSVERZEICHNIS

AM	Additive Manufacturing
CEO	Chief Executive Officer
FDM	Fused Deposition Modeling
MP	Massenproduktion
RP	Rapid Prototyping
SLS	Selective Laser Sintering
SP	Spezialisierung
STL	Stereolithografie

1. Einleitung

Obwohl der Wirbel um additive Fertigungsverfahren bereits vor mehr als drei Jahrzehnten – in den 1980er Jahren, genauer am 11. März 1986 – mit der Geburt des weltweit ersten 3D-Druckers von Charles W. Hull begann, sorgte dieses Thema bis vor wenigen Jahren noch kaum für Gesprächsbedarf in den Medien (Knabel, 2014). Damals wurde ausschließlich eine Revolution in den Branchen der Automobilindustrie, Luft- und Raumfahrttechnik und der Medizin erwartet. Daher waren Wissenschaftler aus aller Welt umso überraschter und erfreulicher gestimmt, als diese Innovation in den vergangenen Jahren eine einschlägige Wende durchlebte. Aktuelle Studien des Bundesverbandes für Informationswirtschaft, Telekommunikation und neue Medien e.V. (Bitkom Research, 2017) besagen, dass bereits 87 Prozent der deutschen Bundesbürger (in etwa 61 Millionen im Alter ab 14 Jahren) schon einmal von 3D-Druck gelesen oder gehört haben, wobei 18 Prozent behaupten, bereits einen 3D-Druck angefertigt zu haben oder anfertigen haben zu lassen. Außerdem können sich 55 Prozent vorstellen, diese Technologie auch in Zukunft zu nutzen, wohingegen 25 Prozent keinerlei Interesse dafür hegen. Zukunftsweisend ist vor allem die Erkenntnis, dass sich laut dieser Studie neun von zehn Deutschen die Durchsetzung von 3D-Druckern in privaten Haushalten vorstellen können.

Bereits heute können in der Lebensmittelindustrie beachtliche Ergebnisse mithilfe von additiven Fertigungsverfahren erzielt werden, wie aktuelle Beispiele aus der Praxis in der folgenden Analyse darstellen werden. Schon im September 2015 gelang es dem Team des Start-ups *Print2Taste GmbH*, ein maßstabsgetreues Modell des Schlosses ‚Neuschwanstein' aus Marzipan zu drucken (Bernau, 2015). Die rapide Entwicklung in der Lebensmittelindustrie erhielt im April des vergangenen Jahresdurch ein Ereignis, welches vor einigen Jahren noch als undenkbar schien, seine Bestätigung: Auf der *3D Food Printing Conference 2016* im spanischen Venlo stellte das Team der niederländischen Firma *3D By Flow* das weltweit erste Pop-Up-Restaurant[1] mit dem Namen *Food Ink.* vor, in dem Lebensmittel aus einem 3D-Drucker serviert wurden (Krämer, 2016).

---

[1] Temporäres Restaurant, dass bereits nach einigen Tagen, Wochen oder Monaten wieder verschwunden sein kann (Die Welt, 2008).

Der 3D-Druck wird in der Literatur und Forschung häufig mit den Begriffen *Rapid Prototyping* (RP) und *Additive Manufacturing* (AM) oder dem deutschen Synonym *Additive Fertigung* in Verbindung gebracht und gliedert sich in das Spektrum der generativen Fertigungsverfahren, die auf rechnerinternen Datenmodellen (sog. 3D-CAD-Modelle) basiert, ein. Zudem ist der 3D-Druck Bestandteil der additiven Herstellungsverfahren, bei welchen während der Herstellung eines Produktes nicht wie bei subtraktiven Fertigungsverfahren (z.B. Fräsen, Bohren und Drehen) Material mechanisch entfernt, sondern im Schichtbauverfahren nach und nach zu einem Objekt aufgebaut wird (Fastermann 2014, S. 11).

Im Folgenden werden die für die weitere Ausarbeitung essentiellen Begriffe Massenproduktion (*MP*) und Spezialisierung (*SP*) differenziert. Gemäß Hauff (1995, S.30) beinhaltet **Massenproduktion** den Einsatz produktspezifischer, anwendungsspezialisierter Maschinen und deren Bedienung durch angelernte Arbeiter zur Herstellung standardisierter Güter. Eine gewisse Homogenität des Geschmacks und der Massenkonsum stehen hierbei im Vordergrund. Hingegen werden bei der **Spezialisierung** qualifizierte Arbeiter zur Produktion spezialisierter Güter mittels flexiblen, produktunspezifischen Technologien benötigt, was in einer individualisierten Nachfrage und einer Geschmacksdiversifikation resultiert.

Das Ziel dieser Arbeit ist es, die zugrundeliegende Frage, ob der Einsatz von 3D-Druckern in der Lebensmittelindustrie unter Einsatz von ökonomischen Prinzipien sinnvoll ist, zu beantworten. Dabei liegt der Schwerpunkt auf der Differenzierung zwischen *MP* und *SP*. Hierzu wird zunächst ein Überblick über den aktuellen Forschungsstand des 3D-Drucks in diversen Branchen geschaffen. Dieser spitzt sich nach und nach trichterförmig in Richtung Lebensmittelbranche zu und zeigt abschließend die Forschungslücke auf. Zusätzlich wird im Theorieteil erörtert, welche Güter sich im Rahmen des 3D-Lebensmitteldrucks besser für die *MP* beziehungsweise die *SP* eignen. Im weiteren Verlauf der Arbeit werden drei 3D-Druckverfahren aus der Praxis vorgestellt, hinsichtlich Ihrer Tauglichkeit für die Lebensmittelindustrie analysiert und anhand eines Praxisbeispiels verdeutlicht. Der Mangel an Studien ist auf die Aktualität dieses Forschungsbereiches zurückzuführen, weshalb für die Analyse dieser Arbeit auf eine hermeneutische Vorgehensweise zurückgegriffen wurde. Im Schlussteil dieser Arbeit werden eine Zusammenfassung der Ergebnisse, Limitationen und Implikationen für Theorie und

Praxis, Zukunftsaussichten, und Antworten auf die Fragen aus der Einleitung und dem aktuellen Forschungsstand präsentiert.

2. Literaturrückblick

Wie bereits in der Einleitung erwähnt, begann die Revolution der additiven Fertigungsverfahren im Jahre 1984 mit der Entwicklung des ersten 3D-Druckers und der Patentierung des Stereolithografie-Verfahrens (*STL*) durch den US-Physiker Charles W. Hull. Weitere richtungsweisende Patentierungen folgten in den Jahren 1989 (Fused Deposition Modeling-Verfahren *FDM* nach Crump in Zusammenarbeit mit Stratasys[2]) und 1991 (Selective Laser Sintering-Verfahren *SLS* nach Deckard et al.). Als die vorgenannten Patente vor wenigen Jahren ausliefen (2004: STL, 2009: FDM und 2014: SLS), durchlebte die Welt des 3D-Drucks aufgrund zahlreicher Unternehmensgründungen einen Aufschwung.

Die erste Vision zum Thema 3D-Druck in der Automobilindustrie beinhaltete die Vorstellung, dass ein Auto in Zukunft vollständig aus dem Drucker stamme, bald auf den Straßen zu sehen und nicht mehr wegzudenken sei (Leupold und Glossner, 2016, S.1). Wider Erwarten berichtete Spiegel Online (2013) von der Entwicklung eines Prototyps für ein Auto durch den amerikanischen Ingenieur Jim Kor[3], bei welchem lediglich die Karosserie vollständig additiv gefertigt würde. Besagtes Auto wurde daraufhin der Welt unter dem Namen *Urbee2* vorgestellt (siehe Abbildung 1).

Im Januar 2015 veröffentlichte die Autorin Kathrin Werner in der Süddeutschen Zeitung einen Artikel über das erste Auto, den *Strati* des amerikanischen Unternehmens *Local Motors*, das nahezu vollständig (nur der Motor inklusive der Batterie, Aufhängungen, Kabel und Lichter würden vom französischen Unternehmen Renault zugekauft werden) aus dem 3D-Drucker stammen sollte. Die Vision des Unternehmensgründers und CEOs John B. Rogers sei, Mikro-Fabriken zur Herstellung des *Strati* an diversen Standorten auf der ganzen Welt zu errichten, um dadurch globale Präsenz zu demonstrieren (Leupold und Glossner, 2016, S. 1). Laut dem Online-Magazin 3d-grenzenlos (2017) jedoch findet *AM* in der Automobilindustrie derzeit hauptsächlich in der Herstellung von Modellen und Prototypen

---

[2] Weltweit führender Anbieter von Lösungen, Materialien und Services für 3D-Druck und additive Fertigung mit Hauptsitz in Edina, Minnesota (Stratasys, 2017).
[3] Gründer des Unternehmens „Kor Ecologic".

(vgl. *RP*) Anwendung. Dagegen wird das Drucken von spezifischen Bauteilen, wie Lenkrad, Kühlergrill, Schaltknüppel, Zündkerze und von Werkzeugen, mehr und mehr gängige Praxis (siehe Abbildung 2).

Als Beispiel hierfür ist die BMW Group zu sehen, welche bereits seit 1991 auf additive Fertigungsverfahren im Bereich des Konzeptfahrzeugbaus setzt. Seit einigen Jahren werden im Nürnberger Werk der BMW Group 3D-Drucker des Unternehmens *Stratasys* zur Herstellung von Prototypen und Werkzeugen genutzt (Leupold und Glossner, 2016, S. 2). Insbesondere im Rennsport spielt das Gewicht des Fahrzeugs eine entscheidende Rolle. Deshalb werden bereits heute Bauteile für Rennwägen und Motorräder verschiedenster Hersteller gedruckt (Hagl, 2015, S. 45 - 46). Mittels 3D-Druck können in diesem Bereich Bauteilkonstruktionen und Geometrien optimiert werden.

Auch in der Luft- und Raumfahrttechnik ist das Eigengewicht ein sehr wichtiger Faktor bei der Planung und Fertigung. Peter Sander, Leiter des Bereichs ‚Emerging Technology & Concepts' der *Airbus Group*, verdeutlicht in einem Artikel des *Harvard Business Managers*, dass mithilfe additiver Fertigungsverfahren hergestellte Bauteile bis zu eine Tonne Gewicht pro Flugzeug einsparen würden und somit der Kerosinverbrauch gesenkt werden könne (Sander et al., 2015, S. 31 - 32). Ferner berichtet das Handelsblatt (2015, S. 11) unter Berufung auf *General Electric*, dass neue Triebwerke, die im *Airbus A320neo* Einsatz finden sollen, Düsen aus einem 3D-Drucker enthalten. Auch das Online-Magazin 3d-grenzenlos berichtet unter Berufung auf das israelische Unternehmen *Eviation Aircraft Ltd.* von der maßgeblichen Nutzung eines 3D-Druckers des Unternehmens *Stratasys* zur Entwicklung des weltweit ersten ausnahmslos elektrischen Pendlerflugzeugs (Heinze-Wallmeyer, 2017). Sogar die internationale Raumstation *ISS* ist im Besitz eines solchen Druckers, um Astronauten eine autonome und flexible Durchführung anfallender Reparaturen ermöglichen zu können und druckte damit schon im November 2014 das erste 3D-Objekt im All (NASA, 2014).

Einen weiteren Bereich, in dem additive Fertigungsverfahren zur Bereicherung des Alltags zählen, umfasst die Architektur beziehungsweise das Bauwesen. In der Architektur findet der 3D-Druck einzig in der Herstellung von maßstabsgetreuen Modellen Verwendung, wohingegen die Anwendung in der Baubranche weitläufiger gestaltet werden kann. Den Grundstein für das als *Contour Crafting*[4] bekannte Herstellungsverfahren legte 2006 der italienische Robotik-Ingenieur Enrico Dini mit dem 3D-Drucker *D-Shape*, der auf einer Fläche von 36 Quadratmetern und einer maximalen Höhe von drei Metern ein Gebäude aus einer Sand-Magnesiumoxid-Mischung fertigen konnte (ArteTV, 2015). Daraufhin konstruierte das chinesische Unternehmen *WinSun* 2015 eine zehn Meter breite, sechs Meter hohe und 40 Meter lange Villa, bei welcher die Teile in weniger als 24 Stunden gedruckt und im Anschluss vor Ort zusammengebaut werden konnten. *WinSun* teilte anschließend mit, dass durch den Druck eines Hauses der Abfall um 30 - 60 Prozent, die Bauzeit um 50 - 70 Prozent und die Kosten um 50 - 80 Prozent reduziert werden könnten. Außerdem würde die Planung kundenspezifischer Gebäudegrundrisse aufgrund der individuellen Anfertigung längst keine Hemmung mehr darstellen (Kempkens, 2015). Besondere Aufmerksamkeit erweckte der Bericht des Online-Magazins *3Druck* im März 2017 von der Fertigung des ersten vollständig aus Beton gedruckten Hauses (Rohbau), mit einer Grundfläche von 38 Quadratmetern, durch das russische Unternehmen *Apis Cor* (Knabel, 2017).

Daneben schreiten die Forschungen in der Rüstungsindustrie, der Mode- und Textilindustrie, dem Schiffsbau, der Fertigung von Möbeln und Spielwaren und in der Kunst täglich voran. Außerdem wird der 3D-Druck im Bereich der Medizin zur Herstellung von Orthesen und Implantaten, im Dentalbereich und im Rahmen des *Bioprinting*[5] genutzt. Als Beispiel dient hier der im Jahr 2011 von Dr. Anthony Atala aus lebenden Zellen gedruckte Prototyp einer Niere, die im Jahre 2016 als funktionsfähig befunden wurde (Gesundheitsstadt Berlin, 2016). Des Weiteren erläutert ein aktueller Bericht der Zeitschrift Spiegel Online (2017), dass Mäuse bereits gesunde Nachkommen mithilfe von aus einem 3D-Drucker stammenden künstlichen Eierstöcken aus Gelatine bekamen.

Laut einem von der Deutschen Landwirtschafts-Gesellschaft (DLG) veröffentlichten Artikel (Vogt, 2017, S. 2) existieren wissenschaftliche Forschungsarbeiten zum 3D-Lebensmitteldruck in der Literatur seit etwa zehn Jahren. Bisher thematisierten diese Arbeiten hauptsächlich die Auswahl geeigneter Lebensmittel und die Optimierung hinsichtlich einer höheren Stabilität bei der Weiterverarbeitung.

---

[4] Entwickelt von Dr. Behrokh Khosnevis an der University of Southern California: Dieses Verfahren erlaubt die Verwendung von Beton als Druckmaterial, welches durch eine Düse ausgegeben und daraufhin mittels eines Spachtels aufgetragen wird (Leupold und Glossner, 2016, S. 42).

[5] Bioprinting bezeichnet die Herstellung von lebendem Gewebe mithilfe eines 3D-Druckers (Böhnke, 2014).

Aktuellere Forschungsarbeiten hingegen spezialisieren sich auf den personalisierten 3D-Lebensmitteldruck auf Basis biometrischer Daten. Dennoch waren erste Berichte und Forschungen zum 3D-Lebensmitteldruck den Zielgruppen *Menschen mit Kau- und Schluckbeschwerden* mit daraus resultierender Mangelernährung und *Astronauten auf Missionen im Weltall* gewidmet (Vogt, 2017, S. 6). Hiervon sollten vor allem Seniorenheime, Krankenhäuser und Einrichtungen für behinderte Menschen profitieren. Die grundlegende Idee dahinter war, das Essen vorzukochen, zu pürieren und im Anschluss daran mit Hilfe eines 3D-Druckers in spezielle, optisch ansprechende und appetitanregende Formen zu bringen (Spiegel TV, 2014). Außerdem wollte man mit weiteren Anwendungen zusätzliche Marktnischen, wie die Zubereitung von Speisen beim *Camping, Menschen mit Mobilitätseinschränkungen* und *Menschen mit Zeitmangel* erschließen.

So wurde im Jahr 2007 mit dem *Choc ALM* der erste Prototyp für einen Drucker, der mit Schokolade drucken sollte, vorgestellt (Choc Edge, 2017). Daraufhin folgten fünf Jahre später (2012) der Markteintritt des *Imagine 3D Printer* von *Essential Dynamics* und des *Choc Creator V1* von *Choc Edge*, die als erste serienreife 3D-Drucker für Lebensmittel wie Schokolade und Käse galten (Essential Dynamics, 2017 und Choc Edge, 2017). Aber auch bisher völlig undenkbare Ideen, wie der Blog-Post des Drucker-Magazins Tinte24 (2014), regten die Wissenschaftler zum Nachdenken an. Besagter beschrieb den Einsatz des 3D-Lebensmitteldrucks in der Fleischwirtschaft als Möglichkeit der Reduzierung des weltweiten Fleischkonsums.

Zusammenfassend ist zu erkennen, dass der Forschungsstand der additiven Fertigungsverfahren in einigen Branchen, wie der Automobilindustrie, der Luft-und Raumfahrttechnik, dem Bauwesen und der Medizin bereits stark vorangeschritten ist. Dennoch bedarf es im Bereich des 3D-Lebensmitteldrucks weiterer Forschungen, was diese Arbeit aufzeigen soll.

3. Theoretischer Hintergrund

In diesem Teil der Arbeit liegt der Fokus auf der Frage, welche Güter sich besser für die *MP* beziehungsweise die *SP* eignen. Hierzu werden die Charakteristika von ausgewählten Gütern und Produktionsarten im Hinblick auf logistische Komponenten untersucht.

Prinzipiell ist der Begriff **MP** sehr weitläufig und entstand im Zuge der industriellen Revolution vor etwa 170 Jahren (Zeit Online, 2014). MP sollte jedoch nicht mit *Serienfertigung* oder auch *Serienproduktion* verglichen werden. Während bei der *MP* hauptsächlich unbegrenzte Stückzahlen identischer Produkte hergestellt werden, werden bei der *Serienproduktion* zwar ebenfalls baugleiche Güter, aber nur in begrenzter Stückzahl (bis zum a priori festgelegten Ende einer Serie) hergestellt (Gabler Wirtschaftslexikon, 2017a). Das Erfolgskonzept bei der *MP* sind die auftretenden *Economies of scale*[6] und *Economies of scope*[7], welche die Herstellung eines Gutes zu niedrigeren Kosten ermöglichen. Sobald allerdings nur eine kleinere Losgröße hergestellt werden soll, ist die Fertigung im Zuge der *MP* aufgrund der langen Entwicklungszyklen nicht mehr ökonomisch vertretbar (Leupold und Glossner, 2016, S. 46). Außerdem spielt hierbei nicht einzig der Zeitfaktor, sondern auch die Anschaffungskosten eine gravierende Rolle, da die Ausgaben für Maschinen und Werkzeuge bis zum Beginn des Herstellungsprozesses und Materialkosten für Rohstoffe berücksichtigt werden müssen.

Des Weiteren ist die Ausarbeitung eines Modells für eine spezifische, individuelle Lieferkette zur reibungslosen Belieferung von Rohmaterialien oder die eigenständige Fabrikation dieser von Vorteil. Eine herkömmliche Lieferkette aus dem Bereich der *MP* (vgl. Abb. 3) könnte mittels Einsatz additiver Fertigungsverfahren deutlich gekürzt werden (vgl. Abb. 4).

---

[6] Größenkostenersparnisse / Skalenerträge: Kostenersparnisse, die bei gegebener Produktionsfunktion infolge konstanter Fixkosten auftreten, falls der Output wächst, da bei wachsender Betriebsgröße die durchschnittlichen totalen Kosten bis zur mindestoptimalen technischen Betriebs- bzw. Unternehmensgröße sinken. Daher wird der Anteil der fixen Kosten je hergestellter Einheit immer kleiner (Gabler Wirtschaftslexikon, 2017b).

[7] Verbundvorteile / wirtschaftliche Vorteile: können bei diversifizierten Unternehmen auftreten, welche auf diversen Märkten tätig sind. Sie können in bestimmten Funktionsbereichen Synergien in Form von Kostenersparnissen erzielen (Gabler Wirtschaftslexikon, 2017c).

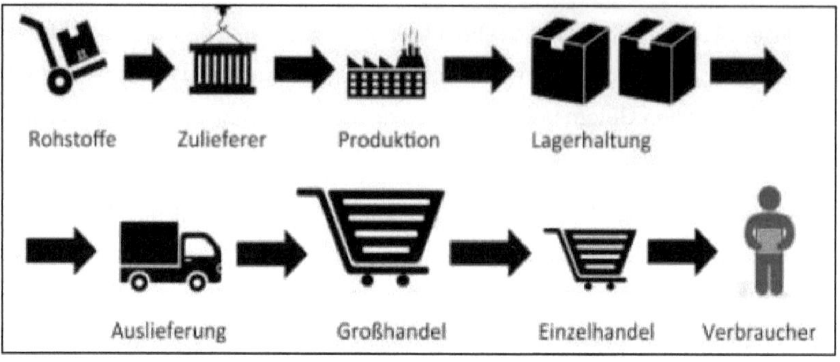

Quelle: 3D-Druck, Additive Fertigung und Rapid Manufacturing (Leupold und Glossner, 2016, S. 46).

Abbildung 4: Beispiel für eine verkürzte Lieferkette bei industrieller *MP*

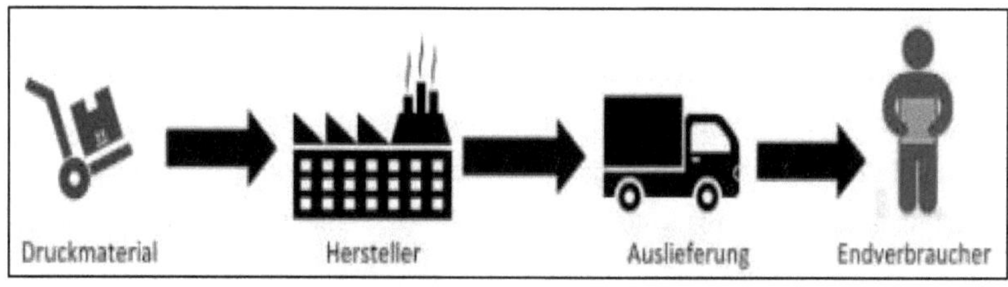

Quelle: 3D-Druck, Additive Fertigung und Rapid Manufacturing (Leupold und Glossner, 2016, S. 46).

Auch wäre der Konsument in der Lage, nur die Druckmaterialien vom Hersteller liefern zu lassen, die Druckvorlage aus dem Internet zu beziehen und das Produkt auf seinem heimischen 3D-Drucker (oder dem eines umliegenden Copy-Shops) ausdrucken zu können (vgl. Abb. 5).

Abbildung 5: Verkürzte Lieferkette bei 3D-Druck durch den Endkonsumenten

Quelle: 3D-Druck, Additive Fertigung und Rapid Manufacturing (Leupold und Glossner, 2016, S. 47).

Es ginge sogar soweit, dass das vertreibende Unternehmen Druckvorlagen und -materialien per Direktlieferung (vgl. Abb. 6) an den Endkonsumenten versenden könnte (Leupold und Glossner, 2016, S. 46 f.). Dadurch würde die Produktion vollständig externalisiert und Kosten für Lagerhaltung, Räumlichkeiten, Angestellte und den Betrieb der Maschinen könnten reduziert werden.

Abbildung 6: Verkürzte Lieferkette bei Lieferung von Druckvorlage und -material an Kunden

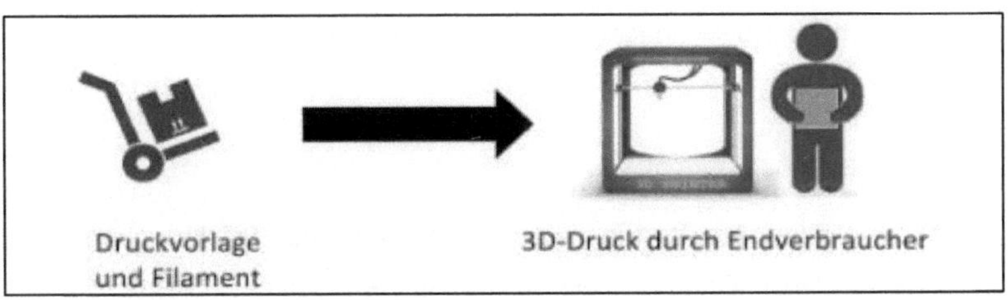

Quelle: 3D-Druck, Additive Fertigung und Rapid Manufacturing (Leupold und Glossner, 2016, S. 47).

Allgemein lässt sich sagen, dass eine Umstellung in eine ausschließlich additive Fertigung mithilfe von 3D-Druckern im Bereich der *MP* noch zu zeitaufwendig und unausgereift ist. Herkömmliche Maschinen scheitern häufig an der Komplexität des zu fabrizierenden Objektes, wohingegen ein 3D-Drucker nur einen einzigen Arbeitsschritt zur Herstellung jeder vorstellbaren Form benötigt. Aufgrund des aktuellen Forschungsstandes ist der Einsatz des 3D-Druckes im Zuge der *MP* hauptsächlich für die Produktion von Ersatzteilen, Werkzeugen, Modellen und Prototypen interessant.

Der Terminus **SP** bezieht sich in dieser Arbeit auf die Produktion von individuell angefertigten, auf Kundengruppen abgestimmte Güter und Produkte in geringer Stückzahl. Angesichts des unbegrenzten Spektrums an solchen Produkten, ist die Fertigung zwar äußerst zeitaufwendig und mit hohen individuellen Herstellungskosten verbunden. Dennoch resultiert hieraus eine gewisse Exklusivität für den Kunden beziehungsweise den Endkonsumenten, für welche die Bereitschaft, einen höheren Preis zu zahlen, größer ist.

Aufgrund der passgenauen, formoptimierten und individuellen Sonderanfertigungen von Objekten durch vorherigen 3D-Scan können beispielsweise Prothesen preiswerter hergestellt werden (Stiller, 2014, S. 22).

Abgesehen davon wird durch die geometrische Gestaltungsfreiheit (Vogt, 2017, S. 7) eine Personalisierung von Produkten und kundenspezifische Anwendung weitestgehend ermöglicht.

Kurz gesagt zeichnen sich industriell, mittels *MP* additiv gefertigte Produkte im Gegensatz zur *SP* derzeit noch mit hoher Wahrscheinlichkeit durch eine preiswertere Anschaffung, jedoch ein geringeres Maß an Qualität aus. Trotzdem sind die hohen Ausgaben, die bis zum Start einer Serie generiert werden, zu beachten, welche bei der *SP* hingegen als überschaubar gelten.

4. Analyse

Die Analyse dieser Arbeit ist in vier zusammenhängende Blöcke untergliedert. Zunächst werden im Folgenden die wichtigsten Verfahren des 3D-Drucks vorgestellt und erklärt. Daraufhin wird die Tauglichkeit von additiven Fertigungsverfahren für die Anwendung auf die *MP* unter Berücksichtigung von diversen Gütern bewertet und das dafür effizienteste Verfahren ausgearbeitet. Im Anschluss daran wird auf Basis dieser Daten eine Analyse für den Bereich der *SP* durchgeführt. Als Abschluss sollen aktuelle Beispiele aus der Praxis einen Einblick in die Produktion von Lebensmitteln mithilfe von 3D-Druckern geben.

4.1   Die wichtigsten 3D-Druckverfahren im Überblick

Die folgenden Seiten setzen sich mit den gängigsten 3D-Druckverfahren, welche sich durch diverse Techniken voneinander abheben, auseinander. Zumal ein breites Spektrum an gebräuchlichen Verfahren im Bereich des *AM* existiert und die Bearbeitung all jener den Rahmen dieser Arbeit sprengen würde, liegt der Fokus auf die für die **Lebensmittelindustrie** entscheidenden Prozesse, das *Fused Deposition Modeling (FDM)*, die *Stereolithografie (STL)* und das *Selective Laser Sintering (SLS)*. Laut Warnier et al. (2014, S. 10) scheint eine Untergliederung in auf Bindeverfahren[8] beziehungsweise Abscheidungsprozesse[9] basierende Verfahren sinnvoll.

---

[8] Beginnen mit einer ursprünglich vorhandenen Schicht eines in der Regel pulverförmigen Ausgangsmaterials, welches nach und nach in Form „gebunden" wird, wobei nicht gebundenes Material nach Beenden des Druckverfahrens entfernt werden kann (Warnier et al., 2014, S. 10).
[9] Hierauf beruhen alle Prozesse, die ein liquides Material in dünnen Schichten auf eine Druckplatte auftragen (Warnier et al., 2014, S. 10).

4.1.1 Fused Deposition Modeling (FDM)

Das *FDM* wird auch als Schmelzschicht-Verfahren bezeichnet und ist zudem unter dem Namen Fused Filament Fabrication (FFF) bekannt (Hagl, 2015, S. 25). Es wird zu den Verfahren mit Abscheidungsprozessen gezählt und funktioniert nur unter Einsatz von Materialien, die bei Erhitzung ihren Aggregatszustand ändern und infolgedessen verformbar werden.

Die Funktionsweise des *FDM* kann laut Sommer et al. (2016, S. 21) mit der einer Heißklebepistole verglichen werden, bei welcher ein klebriger Kunststoff mithilfe einer beheizten Düse verflüssigt und anschließend herausgepresst wird. Beim 3D-Druck mittels des *FDM* dient die Düse allerdings nicht dem Kleben, sondern dem schichtweisen Aufbau eines Modells. Hierzu wird im ersten Schritt das Druckmaterial über eine Zufuhr (z.B. Schläuche, Behältnisse oder Patronen) eingeschleust und in die beheizte Düse, den sogenannten „Extruder", gepresst. Oftmals werden auch zwei separate Düsen, eine für das Hauptmaterial und eine für das Stützmaterial, verwendet. Letzteres dient zur Herstellung einer Stützkonstruktion bei der Produktion von Objekten mit überhängenden Bauteilen, um das Abbrechen beziehungsweise Wegbrechen des Hauptmaterials zu verhindern. Besagte Stützkonstruktion kann am Ende des Druckvorgangs, nach der Aushärtung und Abkühlung des Produktes, rückstandslos entfernt werden (Leupold und Glossner, 2016, S. 35).

Bei diesem Verfahren erfolgt die Produktion eines Objekts durch die vorher mittels einer 3D-CAD-Zeichnung programmierte Bewegung des Druckkopfes in X- und Y-Richtung. Sobald die erste Schicht gefertigt wurde, existieren zwei Möglichkeiten, die weiteren Schichten des Objekts zu drucken: (i) die Anhebung des „Extruders" oder, die in der Regel häufiger benutzte Möglichkeit (ii), das Senken der Druckplatte in Z-Richtung mithilfe eines eingebauten Motors (Sommer et al., 2016, S. 22).

Beispiele für die bisherige Nutzung dieses Verfahrens im Hinblick auf die Lebensmittelindustrie sind der Druck von masseartigen Werkstoffen, wie beispielsweise Käse, Fleischwaren und Marzipan, aber auch verflüssigter Schokolade.

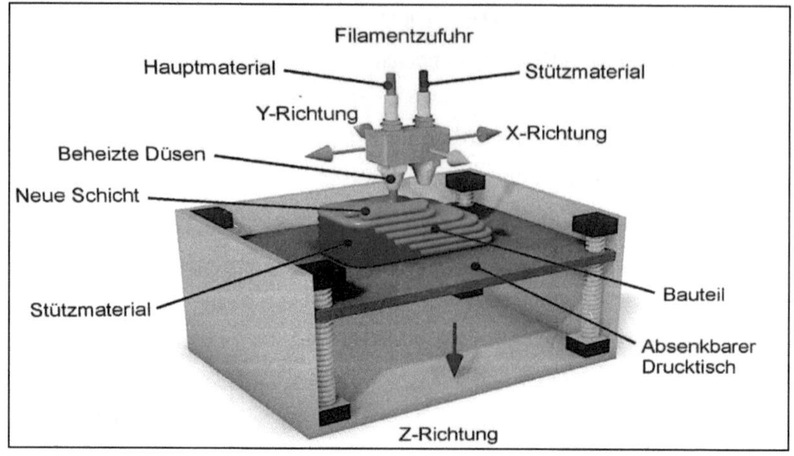

Quelle: Faszination 3D-Druck (Sommer et al., 2016, S. 21).

Vorteile dieses Modells sind unter anderem die kostengünstige Herstellung und die Widerstandsfähigkeit der Bauteile. Diesen stehen Nachteile, wie ein langsamer Produktionsprozess, einzig einfarbig gefertigte Objekte und die Beschränkung auf einen Druck von Oberflächen mit Rillen, gegenüber (ProTec3D, 2017).

4.1.2 Stereolithografie (STL)

Wie schon in der Einleitung und dem Literaturrückblick beschrieben, war die *STL* das erste, sozusagen der Vorreiter aller bis dato entwickelten Verfahren, zur additiven Fertigung (ProTec3D, 2017).

Beim *STL-Verfahren* belichtet ein Laser eine Druckplatte, die sich nach und nach in Z-Richtung in einem Flüssigkeitsbad absenkt. Durch die Belichtung des Lasers härtet das flüssige Ausgangsmaterial Schicht für Schicht aus, bis das Objekt letztendlich fertiggestellt wurde. Je dünner die jeweiligen Schichten angefertigt werden, also je geringer die Absenkung der Druckplatte in jedem einzelnen Schritt, desto feiner fällt das Druckergebnis aus (Leupold und Glossner, 2016, S. 29). Die übrige, nicht ausgehärtete Flüssigkeit kann daraufhin in weiteren Druckvorgängen wiederverwendet werden. Nach Beenden des Druckvorgangs wird das entstandene Produkt aus dem Flüssigkeitsbad entnommen und meist zusätzlich in einem separaten Vorgang nachgehärtet. Auch bei dieser Technik sind Stützstrukturen erforderlich, welche allerdings gleichzeitig im Objektmaterial erstellt und schlussendlich mechanisch entfernt werden müssen (Sommer et al., 2016, S. 36).

Abbildung 8: Die Funktionsweise des *STL-Verfahrens*

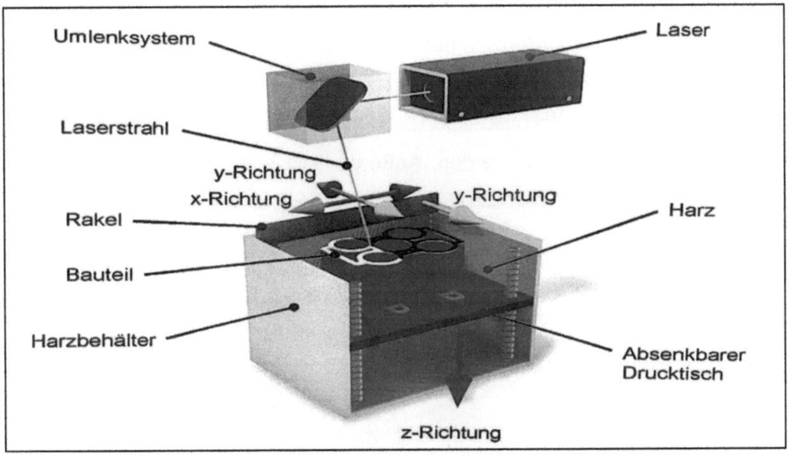

Quelle: Faszination 3D-Druck (Sommer et al., 2016, S. 36).

Zu den Vorteilen der *STL* zählen die äußerst detaillierte und feine Oberfläche, eine hohe Fertigungsgenauigkeit und die Möglichkeit einer komplexeren Formgebung. Dennoch existieren auch hier Nachteile, wie die hohen Herstellungskosten, ein langsamer Produktionsprozess und die Limitation, dass einzig UV-härtbare Druckmaterialien, die zugleich thermisch belastbar sind, zu einem positiven Ergebnis beitragen (ProTec3D, 2017).

4.1.3 Selective Laser Sintering (SLS)

Die ursprüngliche Idee, die im Jahr 1984 zur Entwicklung des *SLS* durch den Erfinder Carl Deckard führte, war Pulverpartikel mithilfe eines Laserstrahls so „anzuschmelzen", dass diese eine Verbindung eingehen und daraus ein Objekt entstehe (Leupold und Glossner, 2016, S. 33). Auch heutzutage funktioniert das *SLS* noch auf diese Weise. Ein programmgesteuerter Hochleistungs-Laser erhitzt die Oberfläche des in Pulverform vorliegenden Ausgangsmaterials, auch

„sintern" genannt, und schmilzt dadurch die Pulverpartikel unter einer Schutzat-
mosphäre an (Sommer et al., 2016, S. 46). Auf diese Weise entsteht sowohl eine
Verbindung zwischen den pulverförmigen Partikeln untereinander als auch mit
der darunterliegenden Schicht. Anschließend wird die Druckplattform in Z-Richtung abgesenkt und der Prozess so oft wiederholt, bis das zu druckende Gebilde
vollendet wurde. Es gilt zu beachten, dass vor jeder Fertigung einer neuen
Schicht mithilfe einer automatisierten Rolle zusätzliches Pulver aus einem Vor-
ratsbehältnis auf den Drucktisch befördert wird (Leupold und Glossner, 2016, S.
33). Bei diesem Verfahren dient das überschüssige, nicht „gesinterte" Pulver auf
der Druckplatte als Stützkonstruktion und kann sogleich nach Abschluss des Fer-
tigungsprozesses entfernt werden. Außerdem ist eine Wiederverwendung für
weitere Druckvorgänge möglich (Sommer et al., 2016, S. 47).

Abbildung 9: Die Funktionsweise des *SLS-Verfahrens*

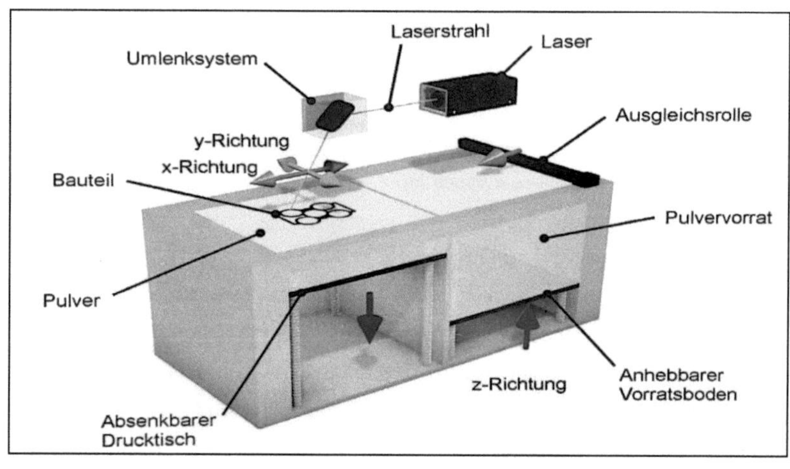

Quelle: Faszination 3D-Druck (Sommer et al., 2016, S. 47).

Das *SLS* zeichnet sich vor allem durch eine mechanische und thermische Be-
lastbarkeit, flexible Bauteile, eine hohe Materialvielfalt und eine komplexe Formgebung aus. Des Weiteren sind wie bereits beschrieben keine Stützkonstruktio-
nen notwendig. Dennoch weisen die Endprodukte eine leicht raue Oberfläche auf
und der Herstellungsprozess an sich ist vergleichbar langsam (ProTec3D, 2017).

Zum Ende dieses Gliederungspunktes wurde die folgende Tabelle konzipiert, um zu verdeutlichen, für welches der vorgestellten Verfahren welche Ausgangsstoffe verwendet werden können:

Tabelle 1: Unterteilung der 3D-Druckverfahren nach dem Zustand der Ausgangstoffe

Zustand des Aus-gangsstoffes	fest	Masse	flüssig
Charakter des Druckmaterials	Pulver	Paste / Teig	Flüssigkeit
Fertigungsverfah-ren	*Selective Laser Sin-tering (SLS)*	*Fused Deposition Modeling (FDM)*	*Stereolithografie (STL)*
Mechanismus	Sintern (Schmelzen) und Härten	(Beheizen) und Pressen	Laserbestrahlung und Aushärten
Ausgangsstoff	Zucker	Käse, Fleischwaren, Schokolade, Marzipan, Gemüse und Obst	Eiweiß

4.2 Anwendung des 3D-Drucks auf die Massenproduktion

Nachfolgend wird im Rahmen einer individuell angefertigten Analyse geprüft, ob additive Fertigungsverfahren für die Lebensmittelindustrie im Rahmen der *MP* möglich beziehungsweise ökonomisch vertretbar sind.

Selbst eine intensive Betrachtung des derzeitigen Standes der Technik oder besser gesagt des Forschungsstandes zum Thema 3D-Druck mit dem Schwerpunkt auf *MP* zeigt, dass bis dato kein Drucker hergestellt wurde, welche die seit Jahrzehnten auf der Grundlage von Fertigungsstraßen existierende *MP* vollständig ersetzen könnte. Auch im Bereich der Lebensmittelindustrie kann noch kein Fortschritt verzeichnet werden. Dennoch bestätigt Melanie Senger, Produkt & Marketing Managerin der *Print2Taste GmbH* (2017) in einem telefonischen Interview, dass derzeit bereits an einem Forschungsprojekt zur erfolgreichen Integration von 3D-Lebensmitteldruckern in der *MP* gearbeitet wird. Bisher seien dazu aber noch keine Ergebnisse auf dem Markt bekannt.

Auf die Frage, ob additive Fertigungsverfahren im Allgemeinen überhaupt tauglich für die *MP* sind, kann bislang aufgrund des Mangels an Studien keine aussagekräftige Antwort gegeben werden. Nichtsdestotrotz gibt es einige Faktoren, die für den Einsatz von 3D-Druckern im Zuge der *MP* sprechen: hierzu zählen unter anderem die Kostenersparnisse aufgrund der Materialeinsparungen bei der additiven im Gegensatz zur subtraktiven Fertigung (Sommer et al., 2016, S. 47), das Drucken komplexester Objekte in unzähligen Formen, eine eigenständige Produktionsstätte und somit die Unabhängigkeit von externen Dienstleistern. Vorausgesetzt, dass die Fertigungsgeschwindigkeit eines Objektes um ein Vielfaches gesteigert werden könnte, wäre beispielsweise mithilfe des *SLS-Verfahrens* die Produktion von Kleinserien in absehbarer Zeit durchaus denkbar (Sommer et al., 2016, S. 47). Auf die Lebensmittelindustrie übertragen, könnte das *SLS-Verfahren* laut Senger (2017) beispielweise mit Rohzucker als Ausgangsmaterial an Bedeutung gewinnen. Trotz allem dienen 3D-Drucker in der *MP* heutzutage beinahe ausnahmslos der Produktion von Ersatzteilen, Werkezeugen und Prototypen beziehungsweise Modellen. Stiller (2014, S. 17) erläutert hierzu, dass in der Automobilindustrie eine Vielzahl von Herstellern seit längerer Zeit auf eine unternehmenseigene 3D-Druckabteilung zurückgreifen können.

Eine Untersuchung der Güter, die für den 3D-Druck in der Lebensmittelbranche mit dem Hauptaugenmerk auf die *MP* in Frage kommen, ergab, dass diese in möglichst kurzer Zeit und aus ein bis maximal zwei verschiedenen Ausgangswerkstoffen gefertigt werden müssen. Andernfalls ist die additive Fertigung im Hinblick auf die Produktionskosten nicht rentabel, da diese nicht vom Verkaufspreis gedeckt werden können. Beispiele hierfür wären die Herstellung von herkömmlicher Schokolade oder Käse in diversen Formen, jedoch nicht die Berücksichtigung individueller Kundenwünsche, da diese eher unter den Bereich der *SP* fallen würde.

Prinzipiell ist zu sagen, dass eine *MP* von 3D-gedruckten Objekten in der Lebensmittelindustrie derzeit noch nicht wirtschaftlich ist. Verbesserungen im Hinblick auf die logistische Unabhängigkeit mögen für zahlreiche Unternehmen interessant klingen. Dennoch überwiegen unter dem Strich die negativen Aspekte. Trotz allem ist die Produktion von Modellen und Gussformen, welche anschließend mit Lebensmitteln befüllt werden, geradezu von außerordentlicher Bedeutung, wie beispielsweise für den US-amerikanischen Maschinenhersteller *Idaho Steel*. Denn dort werden laut der Bibus AG (2017, S. 49) seit einigen Monaten

3D-Drucker des Unternehmens *3D Systems* zur Fertigung von komplexen Maschinenteilen für verschiedenste Weiterverarbeitungsmöglichkeiten von Kartoffeln genutzt (siehe Abbildung 10).

4.3 3D-Druck im Rahmen der Spezialisierung

Im weiteren Verlauf der Arbeit wird eine Analyse zur Tauglichkeit des 3D-Drucks in der Lebensmittelindustrie, übertragen auf den Produktionsbereich der Spezialisierung, vorgestellt.

Primär sind additive Fertigungsverfahren für die Herstellung von Spezial- und Sonderanfertigungen bestens geeignet. Die Abstimmung auf individuelle Kundenwünsche kann mithilfe eines 3D-Druckers größtenteils problemlos erzielt werden. Dennoch ist der bisher ausschlagekräftigste Aspekt hierbei die begrenzte Vielfalt an druck-kompatiblen Ausgangsstoffen. Einige Materialien erlauben es aufgrund deren Beschaffenheit derzeit nicht, mittels eines 3D-Druckers bearbeitet beziehungsweise gedruckt zu werden. Will man dies auf die Lebensmittelindustrie übertragen, ist zu erkennen, dass Nahrungsmittel, wie beispielweise ein T-Bone Steak, derzeit nicht gedruckt werden können, da es aus einem Knochen und dem Fleisch besteht. Das Problem hierbei ist die Limitation der additiven Fertigungsverfahren im Allgemeinen, denn diese können nach derzeitigem Forschungsstand ausschließlich ein einziges Material in einem Herstellungsprozess verarbeiten. Die Herstellung von Wurstwaren hingegen stellt schon heute kein Problem mehr dar, weil das Rohmaterial gekocht oder auch ungekocht püriert und dann als Paste mittels des *FDM-Verfahrens* gedruckt werden kann.

Im Zuge der *SP* spielen außerdem Faktoren, wie die Exklusivität und die Präzision, entscheidende Rollen. Letztere bezieht sich hierbei auf die Herstellung von Produkten in den Bereichen der Orthopädie, der Medizin, der Automobilindustrie der Luft- und Raumfahrttechnik, der Architektur aber auch der Textilindustrie. Gerade die Orthopädie wird durch den 3D-Druck revolutioniert werden, da hier die passgenaue, formoptimierte und individuelle Anpassung auf den Kunden essentiell ist. In der Lebensmittelindustrie hingegen ist die Präzision größtenteils nicht entscheidend, aber dennoch erwünscht. Unter zugrundeliegender hermeneutischer Vorgehensweise ist festzustellen, dass eine höhere Präzision des Abbildes eines Familienfotos in Form von Schokolade, mit höherem Interesse und größerer Kaufbereitschaft des Endkonsumenten einhergeht.

Ungeachtet dessen nimmt eine exklusive Herstellung in der Lebensmittelindustrie den höchsten Stellenwert ein. Ein personalisiertes Modell aus Marzipan oder doch eine Skulptur des eigenen Haustieres werden sich viele Kunden einen durchaus beachtlichen Betrag kosten lassen. Gerade bei Feiern oder Events, sei es im privaten oder beruflichen Alltag, soll ein hochwertiger, exklusiver Eindruck entstehen, den beispielsweise das aus Marzipan gedruckte Firmenlogo unter Beweis stellen kann.

Das wichtigste Verfahren, das im Zusammenhang mit der *SP* in der Lebensmittelindustrie steht, ist das *FDM-Verfahren*. Es wird schon seit einigen Jahren von etlichen Unternehmen, unter anderem *biozoon food innovations GmbH*[10] und *Print2Taste GmbH*, zur Fertigung kundenspezifischer Wünsche angewendet. Wie zuvor erläutert ist dieses Verfahren in der Lebensmittelindustrie hauptsächlich für die Verarbeitung von Ausgangsstoffen wie Schokolade, Käse, Marzipan und Teigwaren von Interesse. Die Herstellung von Lebensmitteln *im FDM-Verfahren* läuft bereits in angemessener Zeit ab, jedoch nimmt es noch zu viel Zeit in Anspruch, um größere Mengen, wie z.B. die Versorgung von 100 Gästen bei einem Firmenjubiläum, abdecken zu können. Hierfür müsste schon einige Tage im Voraus mit der Produktion begonnen werden, was zum einen die Kosten erhöhen und zum anderen die Haltbarkeit der Zutaten, wie beispielsweise Milch bei der Herstellung von Milchprodukten, beeinflusst. Folglich ist die Losgröße des zu druckenden Produktes hierbei der maßgebliche Faktor.

Zusammenfassend ist zu sagen, dass additive Fertigungsverfahren in der Lebensmittelindustrie im Bereich der *SP* schon positive Ergebnisse erzielen konnten und unter der Beachtung von gewissen Restriktionen, wie z.B. der Losgröße ökonomisch sind. Solange jedoch keine vollständigen Mahlzeiten, sondern lediglich einzelne, nacheinander gefertigte Produkte gedruckt werden können, ist der 3D-Druck noch nicht von Interesse für die Lebensmittelindustrie. Gemäß Senger (2017) allerdings, wird sich dies in den nächsten drei bis fünf Jahren langfristig ändern.

---

[10] Die biozoon food innovations GmbH gilt als ein zukunftsorientiertes Unternehmen aus Bremerhaven, welches sich mit der Innovation in der Küche und der zeitgemäßen Ernährung von speziellen Bevölkerungsgruppen befasst (Biozoon GmbH, 2017).

4.4 Aktuelle Beispiele aus der Praxis

Nachfolgend wird das in Freising bei München ansässige Start-up *Print2Taste GmbH* kurz vorgestellt und dessen Projekte im Rahmen des 3D-Lebensmittel-drucks präsentiert. Nach der Gründung im August 2014 als Ausgründung der Hochschule Weihenstephan-Triesdorf entwickelte das Team mit dem 3D Food Printing System *Bocusini* einen 3D-Lebensmitteldrucker, der im Allgemeinen für die Zielgruppen der professionellen Küche, wie z.B. Caterings, Konditoreien und Gastronomie, von großem Interesse ist. Bei Messen und Veranstaltungen aller Art kann das Team des Start-ups gebucht werden, um den Gästen ein einmaliges Geschmackserlebnis zu garantieren. Der *Bocusini* druckt mithilfe des weiter oben beschriebenen *FDM-Verfahrens* Pasten und Pürees, wie unter anderem Marzi-pan und Leberwurst, aber auch verflüssigte Schokolade, die im Anschluss aus-gehärtet wird, in allen erdenklichen Formen und Objekten (Print2Taste, 2017). Seit die Autorin Varinia Bernau in der Süddeutschen Zeitung vom 18.12.2015 erstmals von der Verarbeitung von Leberpastete (siehe Abbildung 11) und Kar-toffelpüree, und dem Druck eines Modells des Schlosses *Neuschwanstein* aus Marzipan (siehe Abbildung 12) berichtete, gelang es dem Start-up seinen Be-kanntheitsgrad zu steigern. Bisher druckt das Team ausschließlich mittels des *FDM-Verfahrens,* aber laut Senger (2017) könnte der Druck von Zucker mithilfe des *SLS-Verfahrens* in naher Zukunft bereits für weiteres Aufsehen sorgen.

Für die Analyse dieser Arbeit wurde ein aktuell gängiges Beispiel, die Herstellung eines Firmenlogos aus Marzipan mit 15 Zentimetern Breite und fünf Zentimetern Höhe, betrachtet. Um die Frage, wie viele Logos gefertigt werden müssen, damit sich die Anschaffung eines 3D-Lebensmitteldruckers lohnt, beantworten zu kön-nen, wurde im Folgenden ein Kostenvergleich erstellt. Ein ausgelernter Konditor bekommt laut Kreiler (2010) für seine berufliche Tätigkeit in Bayern in der höchs-ten Vergütungsstufe einen Stundenlohn von 9,68€, benötigt eine Fertigungszeit von 20 Minuten und als Werkstoff in etwa 250 Gramm Marzipan, die für 2,86€ erworben werden können (Dirr, 2017). Folglich werden bei der Produktion eines solchen Logos durch einen Konditor Gesamtkosten von 6,09€ pro Objekt fällig. Im Vergleich dazu kostet der *Bocusini Pro 2.0* in der Anschaffung 2.485€ und eine Packung der Marzipan-Kartuschen (acht Stück mit jeweils 85 Gramm) ge-nau 38,85€ (Senger, 2017). Daraus folgt, dass ein Konditor 257 Stunden arbeiten und somit 771 Logos herstellen könnte, bis die Anfangsinvestition des 3D-Lebensmitteldruckers amortisiert wäre. Außerdem sind die Zutaten pro produzierter Einheit des Konditors um 11,42€ günstiger. Dies entspricht bei einer Bestellmenge von 771 Logos einer Kostenersparnis von 8.804,82€ gegenüber dem Drucker. Zu beachten ist, dass Kosten für Wartungen, Reparaturen, Strom[11] und Ausbildung von Fachkräften in diesem Beispiel nicht berücksichtigt wurden.

Schlussendlich ist zu erkennen, dass gängige Möglichkeiten der Investitionsrechnung, seien sie statischer oder dynamischer Natur, in diesem Beispiel nicht greifen. Mithilfe eines schnellen Kostenvergleiches wurde gezeigt, dass aufgrund der hohen Differenz der variablen Kosten zwischen Konditor und 3D-Lebensmitteldrucker, die Investition in *AM* derzeit nicht ökonomisch ist. Speziell auf diese Analyse übertragen bedeutet dies, dass solange die Materialkosten der Kartuschen, die Kosten von herkömmlichem Marzipan als Werkstoff übersteigen, die Bestellung bei einem Konditor weiterhin wirtschaftlicher als der 3D-Lebensmitteldruck ist.

5. Diskussion und Zusammenfassung

Zu der Frage, ob der Einsatz von 3D-Druckern in der Lebensmittelindustrie im Hinblick auf die *MP* beziehungsweise *SP* ökonomisch ist oder nicht, existiert letzten Endes keine aussagekräftige Antwort. Im Großen und Ganzen sind bis dato zu wenig Literatur und Forschungen zu dieser Branche vorhanden, was dadurch begründet werden kann, dass dies ein neues Forschungsfeld darstellt. Daraus resultieren auch die mangelnden technischen und ökonomischen Anwendungsmöglichkeiten im Rahmen der Nutzung in der Lebensmittelindustrie, welche außerdem durch den Mangel an empirischer Evidenz aufgrund von fehlenden Erfahrungswerten und Datenauswertungen bekräftigt werden. Auch der Zeitfaktor spielt bisher eine entscheidende Rolle, denn allgemein lässt sich sagen, dass die Herstellung von Mahlzeiten sowohl im Bereich der *MP* als auch in der *SP* momentan noch zu zeitaufwendig ist.

Während in dieser Arbeit das Hauptaugenmerk auf dem Bereich der Lebensmittelindustrie im Rahmen der *MP* beziehungsweise *SP* liegt, werden andere Anwendungsbereiche, die Ähnlichkeiten aufweisen, wie die Verpackungs- und

---

[11] Der Stromverbrauch ist hierbei laut Senger (2017) mit dem einer herkömmlichen Nähmaschine zu vergleichen, also in etwa 85 Watt pro Stunde (Stromverbrauch Haushalt, 2017).

Pharmaindustrie, nicht behandelt. Aber auch bei entfernteren Industrien, wie beispielweise der Textil-, Telekommunikations- oder Rüstungsindustrie, besteht großes Potential für zukünftige Forschungen, um zusätzliche Synergien nutzen zu können.

Basierend auf den Ergebnissen der Analyse können einige Empfehlungen für die Praxis abgeleitet werden. Hierzu zählen in erster Linie das immense Potential, das der 3D-Druck in Form einer unternehmenseigenen Produktion durch zielgerichtete, interne Kontrollstrukturen und die Unabhängigkeit von externen Dienstleistern mitbringt, und die Möglichkeit der Herstellung von präzisen, passgenauen, speziellen, höchst komplexen, individuellen und exklusiven Objekten. Ein weiterer positiver Aspekt hierbei ist die Einsparung von Rohstoffen und somit Materialkosten, aufgrund der Eigenschaft, dass additive Fertigungsverfahren Material aufbauen und nicht abtragen. Im Allgemeinen ist es essentiell für Unternehmen, die mit dem Gedanken spielen, sich mittels 3D-Druckern in der Lebensmittelindustrie einzufinden, a priori einen strukturierten Plan zu erstellen, welcher die Rohstoffe und die zugehörigen Verfahren beschreibt (siehe Tabelle 1), um möglicherweise nachträglich auftretenden Unsicherheiten vorzubeugen. Insbesondere für kleine Unternehmen und Start-ups aus der Lebensmittelindustrie kann der Einsatz von 3D-Druckern in Anbetracht der Kostenreduzierung, aufgrund von Einsparungen für eine Vielzahl von diversen Maschinen, die Miete von großen Räumlichkeiten und Personal, durchaus lukrativ sein.

Die zu Beginn dieser Arbeit adressierten Zielgruppen *Menschen mit Kau- und Schluckbeschwerden, Astronauten, Reisende (Camping)* und *Menschen mit Mobilitätseinschränkungen* stehen weiterhin im Fokus der Forschungen. Eine Revolution für eine vollumfängliche Verpflegung in Seniorenheimen und Krankenhäusern, im Sinne von vollständig aus diversen Zutaten bestehenden Mahlzeiten aus einem 3D-Lebensmitteldrucker, ist noch nicht zu erkennen. Vielmehr müssen auch Menschen, die aufgrund von Mobilitätseinschränkungen nicht einkaufen oder kochen können, auf die herkömmliche Hilfe von Pflegepersonal zurückgreifen. Ferner hat die *NASA* ebenfalls keine richtungsweisenden Fortschritte bei der Entwicklung von Nahrung für *Astronauten* mithilfe eines 3D-Druckers, außer die längere Haltbarkeit von potentiellen Ausgangsstoffen, zu verzeichnen.

Zusammenfassend ist also zu sagen, dass additive Fertigungsverfahren in der Lebensmittelindustrie zwar eine Alternative zu bisherigen Produktionsmethoden darstellen, jedoch aktuell keinesfalls als Ersatz zu sehen sind. Wie diese Arbeit demonstriert, können mittels 3D-Lebensmitteldruck in Form von Schokolade, Marzipan oder Käse bereits beträchtliche Resultate erzielt werden. Dennoch ist die Vielfalt der Ausgangsstoffe noch deutlich limitiert, was die Nachfrage spürbar hemmt. Simultan zeigt die in der Einleitung vorgestellte Studie einen stetig wachsenden Bekanntheitsgrad in der Öffentlichkeit, wobei die Hypothese der Befragten bezüglich des Einsatzes von 3D-Druckern in privaten Haushalten im Hinblick auf die Lebensmittelindustrie weiterhin unbestätigt bleibt. Abschließend lässt sich folglich sagen, dass es nach wie vor ein langer und steiniger Pfad bis hin zum 3D-Lebensmitteldrucker in den eigenen vier Wänden wird und, dass es hauptsächlich in der Industrie noch an essentiellen Informationen mangelt.

6. Literaturverzeichnis

3d-grenzenlos (2017) 3D-Druck in der Automobilindustrie, verfügbar unter: https://www.3d-grenzenlos.de/magazin/thema/3d-druck-automobilindustrie/, zugegriffen am 28.06.2017.

ArteTV (2015) Häuser aus dem 3D-Drucker, verfügbar unter: http://sites.arte.tv/futuremag/de/hauser-aus-dem-3d-drucker-futuremag, zugegriffen am 03.07.2017.

Bernau, V. (2015) Guten Appetit!, verfügbar unter: http://www.sueddeutsche.de/wirtschaft/essen-aus-dem-drucker-guten-appetit-1.2788827?reduced=true, zugegriffen am 20.06.2017.

Bibus AG (2017) Additive Fertigung: x-technik IT & Medien GmbH, verfügbar unter: http://x-technik.at/downloads/flipbook/additive%20fertigung/2017/AF_01_2017_screen.pdf, zugegriffen am 07.07.2017.

Biozoon GmbH (2017) Über uns, verfügbar unter: http://biozoon.de/uber-uns/philosophie/, zugegriffen am 09.07.2017.

Bitkom Research (2017) Bundesbürger sagen 3D-Druck große Zukunft voraus, verfügbar unter: https://www.bitkom.org/Presse/Presseinformation/Bundesbuerger-sagen-3D-Druck-grosse-Zukunft-voraus.html, zugegriffen am 22.06.2017.

Böhnke, A. (2014) Bioprinting: Der gedruckte Mensch, verfügbar unter: http://www.pflichtlektuere.com/23/06/2014/bioprinting-der-gedruckte-mensch/, zugegriffen am 01.07.2017.

Choc Edge (2017) Choc Edge - About Us, verfügbar unter: http://chocedge.com/news/27/68/2007-2017-10-years-of-3D-chocolate-printing.html, zugegriffen am 03.07.2017.

Crump, S. S. (1989) Apparatus and method for creating three-dimensional objects, verfügbar unter: http://www.google.co.in/patents/US5121329, zugegriffen am 24.06.2017.

Deckard, C. R.; Beaman, J. J.; Darrah, J. F. (1991) Method for selective laser sintering with layerwise cross-scanning, verfügbar unter: https://patentscope.wipo.int/search/en/detail.jsf?docId=WO1992008567, zugegriffen am 24.06.2017.

Die Welt (2008) Stilfrage: Bitte, was ist eigentlich ein Pop-up-Store?, verfügbar unter: https://www.welt.de/lifestyle/article2334707/Bitte-was-ist-eigentlich-ein-Pop-up-Store.html, zugegriffen am 03.07.2017.

Dirr, F. (Konditor, Conditorei Helmut Slanitz) **(2017)** Telefonisches Interview, geführt vom Verfasser, Karlsfeld, 26.07.2017.

Essential Dynamics (2017) Essential Dynamics, verfügbar unter: http://www.essentialdynamics.net/de/, zugegriffen am 23.06.2017.

Fastermann, P. (2014) 3D-Drucken, 1. Auflage, Berlin Heidelberg: Springer Vieweg (Technik im Fokus).

Gabler Wirtschaftslexikon (2017a) Massenproduktion, verfügbar unter: http://wirtschaftslexikon.gabler.de/Definition/massenproduktion.html, zugegriffen am 05.07.2017.

Gabler Wirtschaftslexikon (2017b) Economies of scale, verfügbar unter: http://wirtschaftslexikon.gabler.de/Definition/economies-of-scale.html, zugegriffen am 05.07.2017.

Gabler Wirtschaftslexikon (2017c) Economies of scope, verfügbar unter: http://wirtschaftslexikon.gabler.de/Definition/economies-of-scope.html, zugegriffen am 05.07.2017.

Gesundheitsstadt Berlin (2016) Niere aus dem 3D-Drucker funktioniert, verfügbar unter: https://www.gesundheitsstadt-berlin.de/niere-aus-dem-3d-drucker-funktioniert-10468/, zugegriffen am 03.07.2017.

Hagl, R. (2015) Das 3D-Druck-Kompendium, 2. Auflage, Wiesbaden: Springer Fachmedien Wiesbaden.

Handelsblatt (2015) Dossier: Mit aller Kraft in die Luft: Wie der Flugzeugbau sich neu erfindet, Handelsblatt, 2015, S. 11.

Hauff, T. (1995) Die Textilindustrie zwischen Schrumpfung und Standortsicherung, 1. Auflage, Dortmund: Dortmunder Vertrieb für Bau- und Planungsliteratur (Duisburger Geographische Arbeiten).

Heinze-Wallmeyer, S. (2017) Eviation Aircraft nutzt 3D-Druck für die Entwicklung des ersten vollelektrischen Pendler-Flugzeugs, verfügbar unter: https://www.3d-grenzenlos.de/magazin/zukunft-visionen/vollelektrisches-pendler-flugzeug-mit-3d-druck-27284323/, zugegriffen am 07.07.2017.

Kempkens, W. (2015) Chinesische Ingenieure bauen Villa mit 3D-Drucker, verfügbar unter: http://www.ingenieur.de/Themen/3D-Druck/Chinesische-Ingenieure-bauen-Villa-3D-Drucker, zugegriffen am 30.06.2017.

Knabel, J. (2014) Charles „Chuck" Hull - 3D-Druck - Wie alles begann..., verfügbar unter: https://3druck.com/featured/charles-chuck-hull-wie-alles-begann-3621576/, zugegriffen am 13.06.2017.

Knabel, J. (2017) Russischer Hersteller apis cor druckt Haus in 24 Stunden, verfügbar unter: https://3druck.com/objects/apis-cor-der-wohl-am-professionellsten-aussehende-versuch-haeuser-zu-drucken-1355122/, zugegriffen am 28.06.2017.

Krämer, A. (2016) Weltweit erstes Restaurant für Lebensmittel aus dem 3D-Drucker vorgestellt, verfügbar unter: https://www.3d-grenzenlos.de/magazin/startups/food-ink-restaurant-27181863/, zugegriffen am 13.06.2017.

Kreiler, C. (2010) Teure Torten, wenig Lohn!, verfügbar unter: http://www.sueddeutsche.de/karriere/arbeiten-fuer-wenig-geld-teure-torten-wenig-lohn-1.555123, zugegriffen am 22.07.2017.

Leupold, A.; Glossner, S. (2016) 3D-Druck, Additive Fertigung und Rapid Manufacturing, 1. Auflage, München: Franz Vahlen GmbH.

NASA (2014) International Space Station's 3-D Printer, verfügbar unter: http://www.nasa.gov/content/international-space-station-s-3-d-printer, zugegriffen am 03.07.2017.

Print2Taste (2017) Unser Unternehmen, verfügbar unter: https://www.print2taste.de/de/unser-unternehmen/, zugegriffen am 11.07.2017.

ProTec3D (2017) Vor- und Nachteile der 3D Druck Technologien, verfügbar unter: http://www.protec3d.de/3d-drucken/vor-und-nachteile/, zugegriffen am 06.07.2017.

Sander, P.; Domke, B.; Höhmann, I. (2015) Unvorstellbares Potenzial, Harvard Business Manager, Volume 37, S. 31 - 32.

Senger, M. (Product Management & Marketing, Print2Taste GmbH) **(2017)** Telefonisches Interview, geführt vom Verfasser, München, 07.07.2017.

Sommer, W.; Schlenker, A.; Lange-Schönbeck, C.-D. (2016) Faszination 3D-Druck - Alles zum Drucken, Scannen, Modellieren, 1. Auflage, Bugthann: Markt+Technik Verlag GmbH.

Spiegel Online (2013) Urbee 2: Das Auto aus dem Drucker, verfügbar unter: http://www.spiegel.de/netzwelt/gadgets/urbee-2-ein-auto-aus-dem-3-d-drucker-a-886107.html, zugegriffen am 20.06.2016.

Spiegel Online (2017) Organe aus dem 3D-Drucker: Mäuse zeugen Nachwuchs mit künstlichen Eierstöcken, verfügbar unter: http://www.spiegel.de/wissenschaft/natur/eierstock-aus-gelatine-maeuse-erhalten-organ-aus-3d-drucker-a-1148105.html, zugegriffen am 27.06.2017.

Spiegel TV (2014) Mahlzeit! Lebensmittel-Revolution aus dem 3D-Drucker?, verfügbar unter: http://www.spiegel.de/video/3d-drucker-erzeugen-lebensmittel-fuer-menschen-mit-schluck-beschwerden-video-1513004.html, zugegriffen am 15.06.2017.

Stiller, H. (2014) 3D-Drucken für Einsteiger, 1. Auflage, Haar: Franzis Verlag.

Stratasys (2017) Über uns, verfügbar unter: http://www.stratasys.com/de/corporate/about-us, zugegriffen am 02.07.2017.

Stromverbrauch Haushalt (2017) Nähmaschinen-Stromverbrauch, verfügbar unter: http://www.stromverbrauch-haushalt.de/naehmaschine-berechnen.html, zugegriffen am 23.07.2017.

Tinte24 (2014) 3D-Drucker: Die Rührschüssel war gestern, verfügbar unter: https://www.tinte24.de/drucker-magazin/3d-drucker-die-ruehrschuessel-war-gestern/, zugegriffen am 13.06.2017.

Vogt, S. (2017) 3D-Lebensmitteldruck: Welche Möglichkeiten sich mit der neuen Technologie bieten, DLG Expertenwissen, 4/2017, S. 1 - 12.

Warnier, C.; Ehmann, S.; Klanten, R. (2014) Dinge drucken: Wie 3D-Drucken das Design verändert, 1. Auflage, Berlin: Die Gestalten Verlag.

Werner, K. (2015) Local Motors Strati - Und es fährt doch, verfügbar unter: http://www.sueddeutsche.de/auto/local-motors-strati-und-es-faehrt-doch-1.2314397, zugegriffen am 26.06.2017.

Zeit Online (2014) Industrialisierung und Arbeiterbewegung, verfügbar unter: http://blog.zeit.de/schueler/2014/01/23/industrialisierung-geschichte-revolution/, zugegriffen am 29.06.2017.

7. Anhang

Abbildung 1: *Urbee2* des Unternehmens *Kor Ecologic*

Quelle: https://korecologic.files.wordpress.com/2013/02/img_9161.jpg?w=500&h=333 (zugegriffen am 02.07.2017)

Abbildung 2: Lenkrad und Kühlergrill des Automobilherstellers Ford aus dem 3D-Drucker

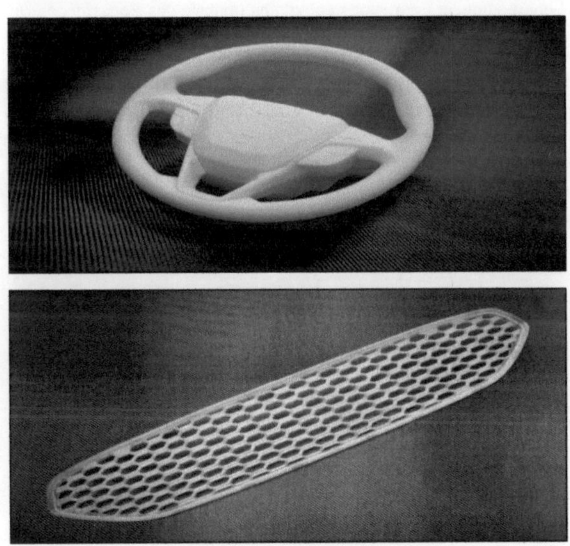

Quelle: https://der-auto-blogger.de/3d-druck-im-auto-design/ (zugegriffen am 04.07.2017)

Abbildung 10: Maschinenbauteil zur Weiterverarbeitung von Kartoffeln (hergestellt durch das Unternehmen *IDAHO STEEL*)

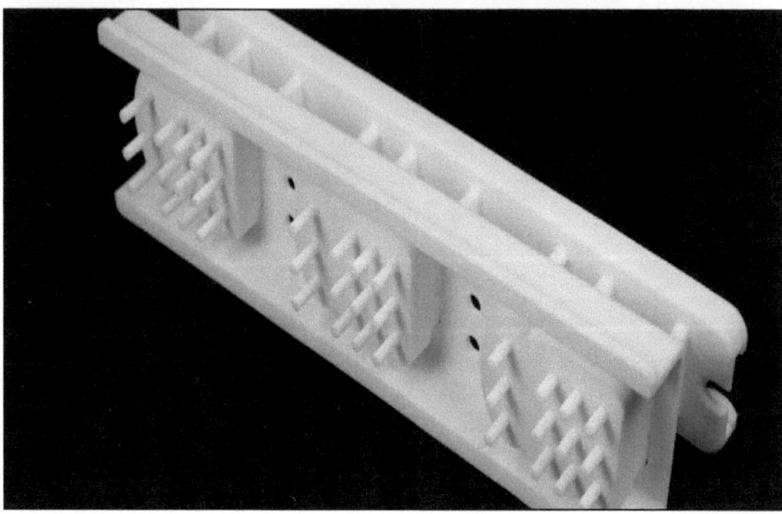

Quelle: https://www.3dsystems.com/sites/default/files/styles/max_1300_x_700/public/2017-02/Dur-Form_SLS_Idaho_Steel.png?itok=yapd9EOC (zugegriffen am 07.07.2017)

Abbildung 11: Gedruckte Leberpastete in Form eines Labyrinths (mithilfe des *Bocusini* des Unternehmens *Print2Taste GmbH* aus Freising)

Quelle: https://www.print2taste.de/de/anwendungen/ (zugegriffen am 08.07.2017)

Vom Verfasser geführte Interviews:

Die Interviews wurden aus datenschutzrechtlichen Gründen für die Veröffentlichung entfernt.

BEI GRIN MACHT SICH IHR WISSEN BEZAHLT

- Wir veröffentlichen Ihre Hausarbeit, Bachelor- und Masterarbeit

- Ihr eigenes eBook und Buch - weltweit in allen wichtigen Shops

- Verdienen Sie an jedem Verkauf

Jetzt bei www.GRIN.com hochladen und kostenlos publizieren